AF315027

RÉPUBLIQUE FRANÇAISE.

MINISTÈRE DU COMMERCE ET DE L'INDUSTRIE.

CALCUL DE LA MORTALITÉ

DES ENFANTS DU PREMIER ÂGE.

DE LA MÉTHODE À SUIVRE ET DES DOCUMENTS À RECUEILLIR
POUR CALCULER LA MORTALITÉ DES ENFANTS EN BAS ÂGE, ET SPÉCIALEMENT
CELLE DES ENFANTS PROTÉGÉS PAR LA LOI DU 24 DÉCEMBRE 1874.

RAPPORT

PRÉSENTÉ AU CONSEIL SUPÉRIEUR DE STATISTIQUE (DEUXIÈME SESSION DE 1886)

PAR

le Dr Jacques **BERTILLON**,

CHEF DES TRAVAUX STATISTIQUES DE LA VILLE DE PARIS.

PARIS.

IMPRIMERIE NATIONALE.

M DCCC LXXXVII.

EXTRAIT DU BULLETIN DU CONSEIL SUPÉRIEUR DE STATISTIQUE.
(DEUXIÈME SESSION DE 1886.)

CALCUL DE LA MORTALITÉ

DES ENFANTS DU PREMIER ÀGE.

DE LA MÉTHODE À SUIVRE ET DES DOCUMENTS À RECUEILLIR
POUR CALCULER LA MORTALITÉ DES ENFANTS EN BAS ÂGE, ET SPÉCIALEMENT CELLE DES ENFANTS PROTÉGÉS
PAR LA LOI DU 24 DÉCEMBRE 1874,

PAR

le Dr Jacques BERTILLON,

CHEF DES TRAVAUX STATISTIQUES DE LA VILLE DE PARIS.

I.

DE LA NÉCESSITÉ DE DISTINGUER LES ÂGES DANS LE CALCUL DE LA MORTALITÉ.

MESSIEURS,

Je n'ai pas le projet de développer longuement la thèse que M. Lafabrègue a si heureusement soutenue.

S'il est toujours utile de distinguer les âges pour arriver à une appréciation exacte de la mortalité, on peut dire que pour la première enfance cette distinction est plus nécessaire encore qu'à aucune autre période de la vie. Cela vient de ce que la mortalité des enfants diminue avec rapidité à mesure que l'on s'éloigne du moment de la naissance; aussi, lorsqu'on nous dit que 1,600 enfants protégés, par exemple, ont fourni en un an 180 décès, nous sommes peu éclairés sur l'état sanitaire de ces enfants. Si, parmi

1

DÉPOT LÉGAL
Seine
1887

ces 1,600 enfants, il y en a beaucoup de moins de trois mois (et par conséquent très fragiles), le chiffre de 180 est faible ; si, au contraire, ces
1,600 enfants ont presque tous plus de six mois (et sont, par conséquent,
déjà forts), le chiffre de 180 décèle des chances de mort très élevées.
Ainsi, le même chiffre peut être successivement très favorable ou très
effrayant, suivant qu'il s'applique à une population enfantine plus ou moins
âgée.

Aussi la moindre infraction aux règles du calcul des probabilités peut,
en ce qui concerne la mortalité des enfants, nous conduire à des erreurs
d'appréciation considérables.

J'ai donc repris la lecture des auteurs qui ont écrit dans ces derniers
temps sur le calcul de la mortalité : MM. Knapp, Zeuner, Becker et sur-
tout M. Lexis et M. Richard Bœckh. M. Kummer a fait de cette méthode
un exposé très clair au Congrès de démographie de Genève.

Ce sont les méthodes de calcul de ces auteurs que je me suis efforcé
d'adapter aux conditions spéciales dans lesquelles se trouve le service
des enfants protégés.

II.

DU CALCUL DE LA MORTALITÉ PAR ÂGES (PRINCIPES GÉNÉRAUX).

Si 1,200 soldats partent en campagne le 1ᵉʳ janvier et qu'au bout d'un
an 200 d'entre eux soient morts, on dira que leur mortalité a été de $\frac{200}{1,200}$.
Telle est la définition la plus simple de la mortalité (1). Tout problème de
mortalité a pour but de ramener les chiffres à ces données élémentaires.

Remarquez que je compare le nombre des morts au nombre des soldats
qui *sont entrés* en campagne. Si ces soldats, au lieu d'être comptés à ce
moment, soit le 1ᵉʳ janvier, avaient été comptés seulement le 1ᵉʳ juillet,
soit au beau milieu de la guerre, on en aurait trouvé non pas 1,200 mais
un nombre inférieur, puisqu'un certain nombre d'entre eux seraient déjà
morts. Si vous supposez que la mortalité ait été pendant toute la durée de
la campagne également meurtrière (ce n'est pas forcément vrai à la guerre ;
mais c'est à peu près vrai pour des hommes adultes en temps de paix),
vous verrez qu'un dénombrement opéré au 1ᵉʳ juillet aurait trouvé non
pas 1,200 hommes comme au 1ᵉʳ janvier, non pas 1,000 comme au

(1) Des auteurs très distingués ont contesté que ce fût là l'expression de la véritable
mortalité. Cependant cette formule est aujourd'hui généralement admise, et je crois que
c'est avec raison. Je ne m'attarderai pas à la démontrer.

31 décembre, mais le nombre intermédiaire $1,100$. Le rapport $\frac{200}{1,100}$ ne représente pas la probabilité de mort des hommes de cette armée. J'ai dit plus haut que cette mortalité est de $\frac{200}{1,200}$.

Faisons l'application de cette définition de la mortalité au calcul de la mortalité infantile. Je suppose qu'il naisse en France, aujourd'hui 1er janvier, $3,000$ enfants; si, au bout du mois, ils ont fourni 130 décès, leur mortalité aura été $\frac{130}{3,000}$.

Mais il est manifeste que l'on ne peut pas suivre ainsi, jour par jour, les enfants nés. On est obligé de les suivre par groupes, et il faut ensuite revenir par le calcul à la donnée très simple qui précède.

Prenons ceux qui sont nés du 1er au 31 janvier. La vie de chacun d'eux peut être représentée, comme sur la figure 1 ci-jointe, par une ligne dont la longueur totale est proportionnelle à 12 mois. Elle n'atteint pas cette longueur et se termine après une certaine longueur par un point lorsque l'enfant meurt, mais elle se prolonge jusqu'en haut de la figure, lorsque l'enfant vit jusqu'à un an (fig. 1). (Nous appellerons ces lignes *lignes de vie*.)

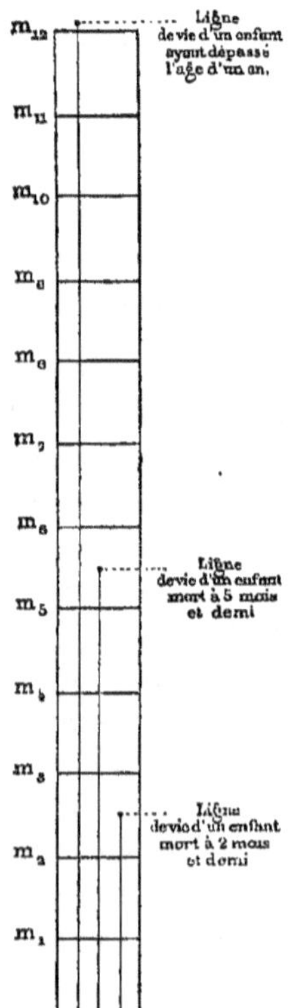

Juxtaposons ces lignes les unes à côté des autres, ainsi qu'il est fait sur le diagramme ci-joint (fig. 2). Nous mettons tout à fait à gauche de la figure les lignes qui représentent les enfants nés le 1er janvier; immédiatement à leur droite celles qui concernent les enfants nés le 2 janvier, et ainsi de suite jusqu'au 31 janvier.

Au niveau du trait transversal noir marqué un mois ($m_1 m'_1$), tous ces enfants ont un mois d'âge, quelle que soit d'ailleurs la date de leur naissance. Ainsi cette figure nous place dans la position idéale que nous supposions tout à l'heure. Comptons le nombre des points mortuaires qui existent dans ce petit carré, comparons-le au nombre des naissances, nous aurons la mortalité de ces enfants dans le premier mois de vie, telle qu'elle est définie ci-dessus. Et de même, comptons le

nombre de lignes de vie interceptées par le trait noir (c'est-à-dire le nombre
d'enfants qui *atteignent* l'âge de un mois et entrent dans le deuxième mois

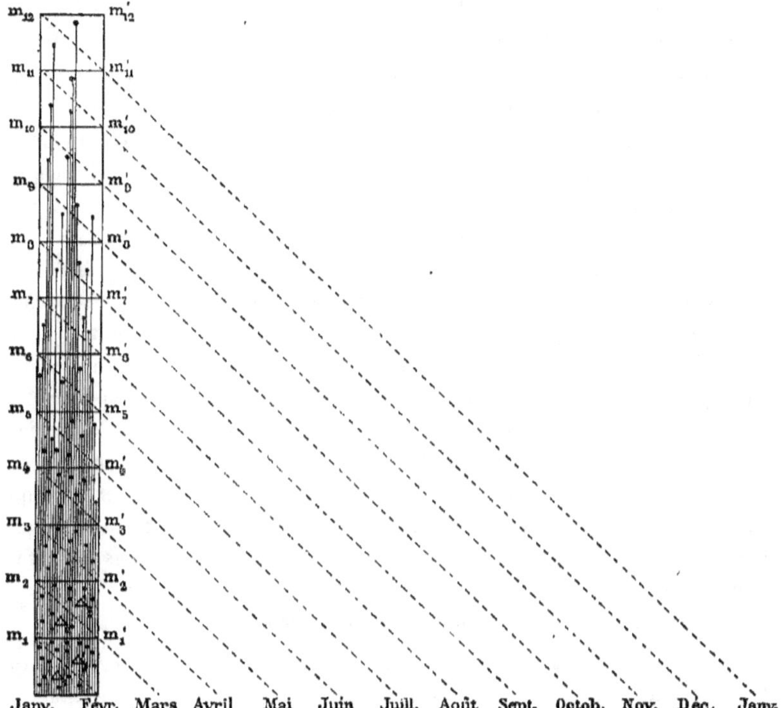

de vie), comparons ce nombre au nombre des points mortuaires (m_1 m'_1
m_2 m'_2) qui existent dans le second carré (c'est-à-dire au nombre des
décès survenus dans le second mois de vie), nous aurons la mortalité des
enfants dans le second mois de vie telle qu'elle est définie ci-dessus. Et
ainsi de suite.

Cela, c'est l'idéal. Voyons comment nous pourrons arriver à cet idéal par
des moyens pratiques.

Remarquez que ce trait noir ne correspond à aucune date précise du
calendrier. Il est seulement marqué au moment où les enfants nés en janvier atteignent l'âge de un mois (nous l'appellerons, à cause de cela, lui et ses
analogues, *ligne des équiâgés*). Pour les uns ce sera le 1er février, pour d'autres

le 2, pour d'autres le 15, etc. Vous ne pouvez donc pas obtenir directement ce que nous cherchons, à savoir, le nombre de points noirs que contient notre premier carré.

Tout ce que vous pouvez savoir, c'est le nombre des décès survenus du 1er janvier au 31 janvier parmi les enfants nés pendant cette même période.

De même, vous ne pouvez pas aspirer à savoir directement le nombre de lignes de vie qui sont interceptées par la ligne des équiâgés; car vous ne pouvez pas, sans un travail considérable, compter justement après un mois d'existence tous les enfants nés en janvier (et pourtant je vous ai dit que cette connaissance est nécessaire pour le calcul de la mortalité du deuxième mois). Mais vous pouvez, à une date donnée, en faire le recensement. Par exemple, le 1er février, vous pourrez avoir la curiosité de savoir combien il y a de survivants parmi les enfants nés dans le courant du mois de janvier qui précède. Le diagramme vous indique quel genre de résultat vous obtiendrez. Cela vous est marqué par le trait pointillé qui traverse le mois en diagonale et le divise en deux triangles : l'un inférieur que j'appelle Δ_1, l'autre supérieur que j'appelle Δ'_1. Vous compterez dans le mois de janvier autant de décès qu'il y a de points dans le triangle Δ_1, et vous compterez le 1er février autant d'enfants vivants que la ligne pointillée intercepte de lignes de vie. Il est vrai que ces enfants n'auront pas tous le même âge. Les uns (à gauche de la figure) nés le 1er janvier auront un mois le 1er février, les autres auront 30 jours, les autres 29.. 28....... 3, 2, 1 jour; ces derniers sont ceux qui sont à droite de la figure.

Voilà les deux résultats que la pratique pourra vous donner sans un travail exagéré [1]. Comment s'élever de ce résultat pratique au résultat en quelque sorte idéal dont nous avons besoin ? Ce n'est pas difficile.

Le problème se résume à connaître le nombre des points mortuaires qui existent dans le triangle Δ'_1, c'est-à-dire le nombre d'enfants *nés en janvier et morts en février avant d'avoir atteint l'âge de un mois*. C'est là un résultat qu'on peut obtenir sans un travail de bureau exagéré.

J'ai supposé que vous aviez déjà le nombre des enfants *nés en janvier et morts en janvier*, c'est-à-dire le nombre des points mortuaires du triangle Δ_1. Ajoutez $\Delta_1 + \Delta'_1$, et vous aurez ce que nous cherchions, c'est-à-dire le nombre de points contenus dans notre petit quadrilatère *janvier février m_1 m'_1*.

Comparez ce nombre à celui des enfants nés en janvier, vous aurez la

[1] Voir plus loin l'*instruction* pour l'employé chargé du service

mortalité idéale cherchée tout à l'heure. Si nous appelons S_0 le nombre des naissances, la mortalité cherchée sera exprimée par la fraction $\dfrac{\Delta_1 + \Delta'_1}{S_0}$.

Comment procéder ensuite pour avoir la mortalité pendant le second mois de vie ? Exactement d'une façon analogue :

I. Vous avez d'abord à compter le nombre des enfants qui *entrent* dans le deuxième mois de vie (de même que, dans l'exemple primordial, vous avez à compter le nombre de soldats qui entrent en campagne). Tout à l'heure, ce nombre vous était donné par le nombre des naissances. Ici il vous est donné *par le nombre des naissances diminué du nombre des décès survenus dans le premier mois de vie* (c'est-à-dire diminué de $\Delta_1 + \Delta'_1$).

II. Vous avez ensuite à savoir le nombre des décès survenus dans les deux triangles Δ_2 et Δ'_2. Il vous faut pour cela faire établir deux comptes : 1° le nombre des décès d'enfants âgés de 1 à 2 mois morts en février (c'est Δ_2); 2° le nombre des décès d'enfants âgés de 1 à 2 mois morts en mars (c'est Δ'_2).

Faites la somme, divisez-la par le nombre des vivants entrant dans leur deuxième mois de vie (tel que je l'ai établi dans le paragraphe 1er qui précède), et vous aurez la mortalité cherchée.

La mortalité du second mois de vie sera donc exprimée par la fraction
$$\frac{\Delta_2 + \Delta'_2}{S_0 - (\Delta_1 + \Delta'_1)}.$$

Il en est de même pour tous les autres mois d'âge.

Je n'ai considéré dans le paragraphe qui précède que les enfants faisant partie de la génération née en janvier. Ce que j'en ai dit est exactement applicable aux générations nées dans les autres mois de l'année [1].

Conclusion pratique du chapitre II. — On aura un nombre suffisant d'imprimés conformes aux deux modèles ci-joints (tableaux I et II). Il en faut 13 par an de chaque espèce.

Sur ces modèles, on a rempli en lettres italiques des espaces qui resteront en blanc sur l'imprimé ; l'employé devra les remplir à la plume ainsi qu'il est expliqué dans l'*instruction* suivante :

[1] Pour simplifier l'exposition, je n'ai divisé la première année de la vie qu'en périodes mensuelles. Le même raisonnement s'appliquerait exactement à des périodes plus courtes. Comme il est nécessaire de diviser le premier mois de vie en deux quinzaines, j'ai rédigé en conséquence les instructions qui suivent.

Instruction à donner à l'employé chargé du service.

De la façon de remplir le tableau I. — L'employé commencera par remplir la colonne 1. Sur la ligne 1 et sur les lignes 2 et 3, il inscrira le mois dont il relève les observations ; par exemple, s'il s'agit du mois de janvier, il inscrira *janvier*. Sur la ligne 4-5-6, il inscrira le mois qui précède ; sur la ligne 7-8, le mois qui précède, et ainsi de suite.

Puis il inscrira, en regard de la ligne 1, le nombre des enfants qui, étant nés du 15 au 31 janvier, sont morts en janvier ; en regard de la ligne 2, les enfants nés du 1er au 15 janvier et morts en janvier avant d'avoir atteint l'âge de 15 jours ; en regard de la ligne 3, les enfants nés du 1er au 15 janvier et morts entre l'âge de 15 jours et celui de 1 mois, et ainsi de suite [1].

De la façon de remplir le tableau II. — Une fois par an, il sera nécessaire de compter combien il existe dans le service d'enfants nés dans chacun des douze mois précédents.

Un relevé semblable devra être établi à la fin de chaque mois ; mais il suffira de l'établir en ajoutant au relevé du mois précédent le nombre des entrées, et en retranchant le nombre des décédés et le nombre des retraits de chaque catégorie d'âge.

De la façon de totaliser les résultats marqués dans le tableau I. — Au bout de l'année, on totalisera les résultats obtenus dans chaque mois de l'année de la façon suivante : on additionnera ensemble les douze chiffres marqués *ligne 1, colonne a;* les douze chiffres marqués *ligne 2, colonne a;* les douze chiffres marqués *ligne 3, colonne a,* et ainsi de suite. Puis on fera de même pour les trois autres colonnes.

De la façon de totaliser les résultats marqués dans le tableau II. — Au bout de l'année, on additionnera les douze chiffres marqués *ligne 1, colonne a,* et on divisera la somme par 12 ; les douze chiffres marqués *ligne 2, colonne a,* et on divisera la somme par 12 ; et ainsi de suite pour tous les chiffres marqués *colonne a.* Puis on fera de même pour les trois autres colonnes.

Du calcul de la mortalité par âges. — On se servira des chiffres totalisés ainsi qu'il vient d'être dit.

Pour calculer la mortalité de un à deux mois, on prendra le chiffre moyen marqué ligne 3 du tableau II. On y ajoute le chiffre marqué ligne 6 du tableau I. On divisera par la somme ainsi obtenue le total de la ligne 6, tableau I, et de la ligne 7, tableau I, puis on multiplie par 1,000.

De même, pour calculer la mortalité de 2 à 3 mois, on prendra le chiffre moyen marqué ligne 4, tableau II ; on y ajoute le chiffre marqué ligne 8, tableau I ; on divisera par la somme ainsi obtenue le total de la ligne 8, tableau I et de la ligne 9, et on multiplie par 1,000.

Et ainsi de suite.

Les chiffres ainsi obtenus répondront à la question suivante : sur 1,000 enfants atteignant l'âge de 1 mois, combien meurent pendant le deuxième mois de vie ; sur 1,000 enfants atteignant l'âge de 2 mois, combien meurent pendant le troisième mois de vie, etc.?

---

[1] N. B. Dans un département tel que le Calvados, où les enfants protégés ne donnent lieu qu'à 10 ou 15 décès par mois, le travail prescrit dans cette instruction ne représente pas une demi-heure.

ENFANTS DU PREMIER ÂGE

PROTÉGÉS PAR LA LOI DU 24 DÉCEMBRE 1874.

TABLEAU I.

État statistique des enfants décédés pendant le mois de janvier 1886.

Il ne doit pas être tenu compte sur ce tableau des enfants décédés qui n'avaient été placés que dans le courant du mois (dans le courant de la quinzaine en ce qui concerne le premier mois de vie).

MOIS DE NAISSANCE des ENFANTS PROTÉGÉS. 1	ÂGE. 2	ENFANTS DÉCÉDÉS PENDANT LE MOIS. Au sein. M. col. a.	F. col. b.	Au biberon. M. col. c.	F. col. d.	OBSERVATIONS.
1 Nés du 15 au 31 janvier 1886..........	Décédés avant l'âge de 15 jours...	//	//	//	//	
2 Nés du 1ᵉʳ au 15 janvier 1886.........	Décédés avant l'âge de 15 jours...					
3	Décédés après l'âge de 15 jours...					
4 Nés en décembre 1885..	Décédés avant l'âge de 15 jours...					
5	Décédés après l'âge de 15 jours...					
6	Décédés à l'âge de 1 mois accompli.					
7 Nés en novembre 1885..	Décédés à l'âge de 1 mois accompli.					
8	Décédés à l'âge de 2 mois accomplis.					
9 Nés en octobre 1885...	Décédés à l'âge de 2 mois accomplis.					
10	Décédés à l'âge de 3 mois accomplis.					
11 Nés en septembre 1885..	Décédés à l'âge de 3 mois accomplis.					
12	Décédés à l'âge de 4 mois accomplis.					
13 Nés en août 1885......	Décédés à l'âge de 4 mois accomplis.					
14	Décédés à l'âge de 5 mois accomplis.					
15 Nés en juillet 1885....	Décédés à l'âge de 5 mois accomplis.					
16	Décédés à l'âge de 6 mois accomplis.					
17 Nés en juin 1885.......	Décédés à l'âge de 6 mois accomplis.					
18	Décédés à l'âge de 7 mois accomplis.					
19 Nés en mai 1885.......	Décédés à l'âge de 7 mois accomplis.					
20	Décédés à l'âge de 8 mois accomplis.					
21 Nés en avril 1885.....	Décédés à l'âge de 8 mois accomplis.					
22	Décédés à l'âge de 9 mois accomplis.					
23 Nés en mars 1885.....	Décédés à l'âge de 9 mois accomplis.					
24	Décédés à l'âge de 10 mois accomplis					
25 Nés en février 1885....	Décédés à l'âge de 10 mois accomplis					
26	Décédés à l'âge de 11 mois accomplis					
27 Nés en janvier 1885...	Décédés à l'âge de 11 mois accomplis					

ENFANTS DU PREMIER ÂGE

PROTÉGÉS PAR LA LOI DU 24 DÉCEMBRE 1874.

TABLEAU II.

ÉTAT statistique des enfants soumis à la protection le 31 janvier 1886.

MOIS DE NAISSANCE des ENFANTS PROTÉGÉS. 1	ÂGÉS DE 2	ENFANTS ACTUELLEMENT VIVANTS soumis à la protection. Mode d'alimentation.				OBSERVA-TIONS.
		Au sein.		Au biberon.		
		M. col. a.	F. col. b.	M. col. c.	F. col. d.	
1 Nés du 1er au 15 *janvier* 1886..	Moins de quinze jours......					
2 Nés du 15 au 31 *janvier* 1886..	De 15 jours à un mois.....					
3 Nés en *décembre* 1885........	1 mois accompli..........					
4 Nés en *novembre* 1885........	2 mois accomplis.........					
5 Nés en *octobre* 1885.........	3 mois accomplis.........					
6 Nés en *septembre* 1885.......	4 mois accomplis.........					
7 Nés en *août* 1885...........	5 mois accomplis.........					
8 Nés en *juillet* 1885.........	6 mois accomplis.........					
9 Nés en *juin* 1885...........	7 mois accomplis.........					
10 Nés en *mai* 1885...........	8 mois accomplis.........					
11 Nés en *avril* 1885..........	9 mois accomplis.........					
12 Nés en *mars* 1885..........	10 mois accomplis........					
13 Nés en *février* 1885........	11 mois accomplis........					

III.

DES CORRECTIONS QU'ON PEUT FAIRE SUBIR AUX CALCULS CI-DESSUS EXPOSÉS

POUR OBTENIR DES RÉSULTATS RIGOUREUSEMENT EXACTS.

Il est vrai que dans ce qui précède je n'ai pas abordé tout à fait le problème tel qu'il se présente dans l'administration des enfants protégés.

De là vient que je n'ai pu qualifier que d'approximatif le calcul ci-dessus décrit. Les observations qui suivent ont pour but de s'approcher plus près encore de la vérité, mais il convient de dire qu'elles ne peuvent pas avoir pour effet de modifier notablement les chiffres ci-dessus et n'ont guère qu'un intérêt théorique.

Ce n'est pas par le fait de la naissance que les enfants entrent dans l'administration des enfants protégés, c'est par placement. J'appellerai le nombre des enfants placés I (immigrants), et je marquerai leur âge par un chiffre placé au pied de la lettre. $I_{1\dots2}$ veut dire : « nombre des enfants placés à l'âge de 1 à 2 mois », etc.

Et ce n'est pas seulement par décès qu'ils disparaissent de ce service, c'est aussi par retrait. J'appelle le nombre de ces enfants E (émigrants) et je désigne leur âge par des chiffres placés au pied de la lettre.

Cela ne change d'ailleurs rien aux principes exposés plus haut. Mais cela en modifie un peu l'application. Cherchons comment nous devrons calculer les deux éléments du calcul de la mortalité, à savoir : 1° les vivants ; 2° les morts.

1° Je suppose que nous ayons à établir le nombre des enfants qui *atteignent* l'âge de 1 mois (leur nombre s'écrit S_{1^m})[1]. Si nous n'avions ni immigrants, ni émigrants, le nombre S_{1^m} s'établirait ainsi :

$$S_{1^m} = S_0 - (\Delta_1 + \Delta'_1)$$

Puisque nous avons immigrants et émigrants, cette formule se modifie ainsi :

$$S_{1^m} = S_0 - (\Delta_1 + \Delta'_1 + E_{0\text{-}1^m}) + I_{0\text{-}1^m}$$

2° Quant au compte des décès, nous n'avons rien à ajouter à ce que nous avons dit plus haut.

Pour être rigoureusement exact, cependant, il faudra faire subir au nombre des décès une correction empirique. En effet, il faut remarquer que la formule ci-dessus

$$S_{1^m} = S_0 - (\Delta_1 + \Delta'_1 + E_{0\text{-}1^m}) + I_{0\text{-}1^m}$$

ne tient pas compte des immigrés qui entreront dans le cours du deuxième mois de vie. Ceux-ci n'entreront pas en ligne de compte pour le calcul de S_{1^m} et pourtant ces immigrés produiront quelques décès. Ces décès, il ne faut donc pas les faire entrer dans le calcul de la mortalité, car, puisqu'on n'a pas compté parmi les vivants les immigrés qui les ont fournis, il ne faudra pas non plus les compter parmi les morts.

De même, la formule ci-dessus ne tient pas compte de la sortie des émigrants qui sont partis pendant la durée du deuxième mois de vie. Ces émigrants, s'ils étaient restés tout le temps, auraient produit des décès dont il n'est pas juste de ne pas tenir compte.

---

[1] Cet usage s'est établi parce que S est la première lettre du mot latin « superstites » S_{1^m} veut dire *survivants à 1 mois*. Par analogie S_0 veut dire survivants à la naissance ou nombre des naissances, mort-nés non compris.

Des deux considérations qui précèdent résultent deux règles pratiques :
Il y a lieu :

1° De noter à part les décès des *immigrés avant qu'ils soient entrés dans le groupe d'âge immédiaement supérieur à leur âge.* Par exemple, s'il s'agit des nourrissons de 1 à 2 mois, supposons que 20 enfants soient placés pendant cet intervalle : ces enfants n'ont pas été comptés dans la formule qui établit la population vivante qui atteint l'âge de 1 mois. C'est pourquoi nous noterons à part les décès qu'ils pourront produire pendant le cours du deuxième mois, et, lorsqu'il s'agira de calculer la mortalité de 1 à 2 mois, nous ne tiendrons pas compte de ces décès, pas plus que nous n'avons tenu compte de l'existence de ces 20 enfants dans l'établissement de la liste des vivants.

C'est pourquoi j'ai inscrit dans le titre du tableau I la règle suivante : *Il ne doit pas être tenu compte sur ce tableau des enfants décédés qui n'avaient été placés que dans le courant du mois.*

2° Mais, par contre, il y a lieu de noter le temps *qui sépare l'âge des enfants émigrants de l'époque de leur entrée dans le groupe d'âge immédiatement supérieur à leur âge.*

Par exemple, je suppose qu'il y ait, dans le deuxième mois de vie, 10 émigrants : que le premier ait, au moment de son retrait, l'âge de 1 mois et 8 jours ; le temps qui s'écoulera avant son entrée dans le groupe d'âge immédiatement supérieur à son âge sera de 22 jours. J'écris 22 jours. Que le second émigrant ait 1 mois et 25 jours ; le temps qui s'écoulera avant son entrée dans le groupe d'âge suivant sera de 5 jours. J'écris 5 jours. Et ainsi de suite. Si le total pour les 10 émigrants est de 140 jours, je raisonne ainsi : « Si ces émigrés avaient passé dans mon service ces 140 jour-« nées de présence qu'ils n'y ont pas passées, ils auraient produit un certain « nombre de décès dont je n'ai pas le droit de ne pas tenir compte. J'ignore « le nombre de ces décès, mais je puis l'établir par le calcul : en effet, si « ces enfants étaient restés dans mon service, leur mortalité aurait été ce « qu'a été celle des autres ; or elle a été de m par jour et par nourrisson (le « chiffre est empirique et résulte d'autres observations). Il manque donc « $(m \times 140)$ décès au nombre total que j'ai observé au bout du mois. Je « les ajoute donc à ce nombre avant de calculer la mortalité. »

Je répète que la correction indiquée dans ce *chapitre III* ne peut avoir que peu d'influence sur la valeur des chiffres, et que, dans la pratique, on pourra, à mon avis, s'en dispenser sans grand inconvénient.

MODÈLE DE TABLEAU N° IV.

ÂGE DES ENFANTS RETIRÉS DU SERVICE.

MOIS d'âge.	JOURNÉES D'ÂGE.																		
	1	2	3	4	5	6	7	8	9	10	11	12	13	14	15	16	17	18	19
0.....								1										11	
1.....																			
2.....																			
3.....				1												1			
4.....																			
5.....														1					
6.....																			
7.....																			
8.....																			
9.....																			
10.....																			
11.....																			
Ligne Z .	29	28	27	26	25	24	23	22	21	20	19	18	17	16	15	14	13	12	11

MOIS d'âge.	20	21	22	23	24	25	26	27	28	29	NOMBRE TOTAL des journées comptées en moins d'après la ligne z. α	MORTALITÉ moyenne par journée à chaque âge. β	ÉVALUATION du nombre des décès comptés en moins (α+b) γ
0.....											46		
1.....		11									18		
2.....													
3.....											40		
4.....													
5.....											16		
6.....													
7.....													
8.....													
9.....													
10.....													
11.....													
Ligne Z .	10	9	8	7	6	5	4	3	2	1			

CONCLUSION PRATIQUE DU CHAPITRE III.

Instruction à donner à l'employé chargé du service.

On marquera sur le modèle n° 3 l'âge des enfants retirés du service de la manière suivante :

Étant supposé qu'un enfant est retiré du service à l'âge de 6 mois et 14 jours, on cherchera dans la marge (colonne intitulée *mois d'âge*) la ligne marquée d'un 6, et l'on suivra cette ligne jusqu'à la colonne 14 ; à ce niveau on fera une marque, ainsi qu'il est indiqué sur le tableau ci-joint.

Le même tableau servira pendant toute la durée d'une année, du 1ᵉʳ janvier au 31 décembre.

L'année terminée, on remplira la colonne α de la manière suivante :

Étant donné qu'un enfant a été retiré du service à l'âge de 6 mois et 14 jours, il a dû être noté ainsi qu'il est dit ci-dessus, c'est-à-dire ligne 6, colonne 14 ; on descend avec le doigt la colonne 14 jusqu'à la ligne Z ; on voit quel nombre est inscrit dans cette ligne et on l'écrit dans la colonne α. S'il y a plusieurs enfants inscrits sur la même ligne (comme ci-dessus pour la ligne 3), on totalise les nombres inscrits ligne Z (26 + 14 = 40). On agira de même si plusieurs enfants sont inscrits même ligne et même colonne : ainsi ligne 2 (9 + 9 = 18) ou ligne 1 (22 + 12 + 12 = 46).

Les colonnes β et γ indiquent la façon de se servir de ce tableau. Ces colonnes ne seront remplies que lorsqu'on aura à rectifier le calcul de la mortalité (celle-ci ayant déjà été calculée conformément aux tableaux I et II).

On ajoutera les chiffres marqués colonne γ aux nombres absolus des décès des âges correspondants, et, ces additions faites, on recommencera les divisions prescrites ci-dessus.

TABLEAU V

DEVANT SERVIR À L'ÉTABLISSEMENT D'UNE TABLE DE MORTALITÉ,

D'UNE TABLE DE SURVIE ET D'UNE TABLE MORTUAIRE.

ÂGES.	NOMBRES ABSOLUS.		NOMBRES RELATIFS. TABLE DE MORTALITÉ.	NOMBRES CALCULÉS.	
	LISTE DES VIVANTS.	LISTE DES DÉCÉDÉS.		TABLE DE SURVIE.	TABLE MORTUAIRE.
	Nombre des vivants existant au commencement de chaque période d'âge. (Ces nombres ont déjà été déterminés ci-dessus.)	Nombre des décédés survenus pendant chaque période d'âge. (Ces nombres out déjà été déterminés ci-dessus.)	Sur 1,000 vivants existant au commencement de chaque période d'âge, combien de décès pendant cette période d'âge? (Ces nombres ont déjà été déterminés ci-dessus.)	Sur 1,000 naissances, combien survivent au commencement de chaque période d'âge, étant donnée la mortalité ci-contre?	Étant donnés les nombres marqués dans la table de service ci-jointe, combien y aura-t-il, en nombres absolus, de décès pendant chaque période d'âge?
1	2	3	4	5	6
0......	×			1,000	
		×	a		a
15 jours.	×			j	
		×	b		r
1 mois.	×			k	
		×	c		s
2 ____.	×			l	
		×			
3 ____.	×				
		×			
4 ____.	×				
		×			
5 ____.	×				
		×			
6 ____.	×				
		×			
7 ____.	×				
		×			
8 ____.	×				
		×			
9 ____.	×				
		×			
10 ____.	×				
		×			
11 ____.	×				
TOTAL..	//	//	//	//	×

IV.

DU CALCUL DE LA MORTALITÉ POUR L'ENSEMBLE DE LA PREMIÈRE ANNÉE.

Reste un dernier problème :

Quoique la mortalité doive être analysée âge par âge pour être véritablement démonstrative — je me suis efforcé de le prouver dès le début de cette étude — qu'il soit par conséquent indispensable de la calculer mois d'âge par mois d'âge, il est certain que l'on aime à pouvoir citer un chiffre unique qui résume tous les autres et qui dispense de les citer tous. Cela est commode même pour l'étude, à plus forte raison pour une démonstration publique. Nous allons rechercher comment on doit calculer ce chiffre important qui résume jusqu'à un certain point tous les autres.

En ce qui concerne les jeunes enfants, l'usage universel des statisticiens consiste à calculer le rapport suivant : « *Pour 1,000 naissances, combien de décès de 0 à 1 an ?* » Puis on fait une seconde période d'âges, qui comprend le plus souvent de 1 à 5 ans, mais qui, dans les statistiques soignées, considère isolément chacune de ces quatre années d'âge. On calcule alors : « Pour 1,000 survivants à l'âge de 1 an (c'est-à-dire pour 1,000 enfants qui *atteignent* l'âge de 1 an), combien de décès de 1 à 2 ans ? » Et de même : « Pour 1,000 survivants à l'âge de 2 ans........., etc. »

Ces divisions sont fort bonnes lorsqu'il s'agit de populations enfantines telles que nous les donne la nature, je veux dire ayant la composition par âges (c'est toujours là le point important) que nous observons dans un pays donné, dans lequel l'immigration et l'émigration ne sont qu'insignifiantes et se compensent à peu près. Cette composition par âges, que j'appellerai *naturelle* ou *normale*, consiste en ceci, qu'elle résulte uniquement des coups que la mort porte parmi les vivants : les enfants de 0 à 1 jour étant plus nombreux que ceux de 1 à 2 jours, ceux-ci plus nombreux que ceux de 2 à 3 jours, etc. Et les différences qui séparent ces nombres s'expliquent par le nombre des décès qui surviennent à chacun des âges indiqués.

Dans une population enfantine telle que celle des enfants protégés, rien de pareil ne peut être espéré, puisque les enfants n'arrivent que par immigration et puisqu'ils s'en vont souvent autrement que par la mort.

Pour pouvoir comparer la mortalité de ces nourrissons à celle des autres enfants de tel ou tel département, il faut rétablir par le calcul la composition par âges que prescrit la nature. Cela est beaucoup plus facile qu'on ne le croirait au premier abord. Il faut pour cela constituer une table de survie. Cela nous sera d'autant plus aisé que déjà, par les calculs recommandés plus haut, nous en aurons tous les éléments.

Voici comment doit se calculer une table de survie :

Nous partons (col. 5) de l'hypothèse de 1,000 naissances, et nous raisonnons ainsi :

Ces 1,000 enfants nés, soumis à la mortalité des enfants surveillés, produiraient a décès. J'inscris le nombre a dans la colonne 6 [1] Combien restera-t-il de survivants à 15 jours? Évidemment *1,000 — a*. J'écris le nombre *1,000 — a* à l'endroit que j'ai noté par la lettre j, c'est-à-dire en regard du mot 15 jours.

Ces survivants sont soumis à la mortalité de b pour 1,000. Ils ne sont pas 1,000, ils sont seulement au nombre de j. Une règle de trois très simple m'indique qu'ils produiront r décès de 15 jours à un mois. J'inscris r dans la colonne 6.

Combien restera-t-il de survivants à l'âge de un mois? Evidemment $j — r$. J'inscris $j — r$ à l'endroit que j'ai marqué k dans la colonne 5, c'est-à-dire en regard du mot *1 mois*.

Ces k survivants sont soumis à la mortalité de c pour 1,000. Ils ne sont pas 1,000, ils sont seulement au nombre de k. Une règle de trois très simple m'indique qu'ils produiront s décès de 1 à 2 mois. J'inscris s dans la colonne 6.

Et ainsi de suite jusqu'à la fin de la première année.

J'additionne alors les nombres inscrits colonne 6, et j'ai pour total le nombre de décès que nous aurions (étant donnée notre mortalité à chaque âge) *si nous avions affaire à une population enfantine normalement composée au point de vue des âges*, c'est-à-dire à une *population dans laquelle cette composition par âges ne serait altérée que par les coups de la mort*.

Ce chiffre nous dira le rapport que nous cherchions, c'est-à-dire *sur 1,000 naissances combien de décès de 0 à 1 an*. Il sera donc comparable à la mortalité infantile d'un pays quelconque, telle qu'elle est calculée le plus généralement.

Sera-t-il absolument comparable? Non : il sera toujours et forcément plus faible qu'il ne devrait être, parce que nous n'aurons jamais les décès des pre-

---

[1] Ne pas se tromper à la simplicité de cette première transcription. Pour les autres âges, il a plus qu'une simple copie.

miers jours qui suivent la naissance, et que les premiers jours de la vie sont ceux où la vie est la plus fragile. Du moins l'erreur (erreur au profit de l'administration en quelque sorte) sera aussi faible que possible.

La mortalité de la deuxième année de vie devra être calculée par une méthode tout à fait analogue.

Observation finale.

J'ai terminé l'exposé des principes qui doivent servir au calcul de la mortalité.

En ce qui concerne le calcul de la mortalité des jeunes enfants, je crois qu'il faut les suivre à la lettre. Je ne parlerais pas ainsi s'il s'agissait de calculer la mortalité des adultes, qui peut s'apprécier avec une exactitude très suffisante par des méthodes abrégées. La mortalité des enfants est d'un calcul trop délicat pour que nous nous permettions le moindre chemin de traverse. Ce serait le sûr moyen de tomber dans des erreurs considérables.

Toutes les fois donc que l'on voudra calculer la mortalité d'une classe d'enfants, il faudra procéder selon les méthodes ci-dessus indiquées.

Mais il importe de remarquer qu'il n'est pas prudent de s'engager dans les calculs quand on n'a pas à sa disposition des chiffres suffisamment considérables.

Si vous voyez un joueur amener quatre fois de suite *pile* au jeu de pile ou face, en concluerez-vous que cet individu amènera *pile* toute sa vie? Évidemment non. Eh bien, on voit à chaque instant des calculateurs faire cette grosse erreur de statistique.

Cependant si mon joueur amène pile non pas seulement 4 fois de suite, mais 5o fois, ou 1oo fois, ou 1,ooo fois de suite, ne serez-vous pas en droit de dire que, par suite d'une cause à déterminer par une méthode quelconque, ce joueur a la propriété d'amener *pile* ?

A partir de quel moment votre conviction se fera-t-elle ? Vous faudra-t-il 1 5 essais, ou 5o, ou 5o,ooo? Je ne crois pas que cela soit sujet au calcul.

Les probabilistes démontrent que le degré de certitude d'une probabilité [1] est en raison de la *racine carrée du nombre des observations*. Quetelet et quelques autres à sa suite ont même eu la patience de donner une démonstration expérimentale de cette vérité mathématique.

Je me garderai d'autant plus de la contester qu'elle repose, comme je viens de le dire, à la fois sur le raisonnement et sur l'expérience. Mais il

[1] Cette expression n'est pas tout à fait correcte.

est permis de dire qu'elle n'a pas une grande utilité pratique, du moins dans la question qui nous occupe.

La véritable mesure du *poids des nombres* en statistique, c'est leur *constance*. On juge de la constance des nombres de plusieurs manières différentes : tantôt, parce qu'ils se reproduisent d'année en année à quelques faibles différences près ; tantôt, lorsqu'on a affaire à une liste de nombres, c'est-à-dire à une série de nombres reliés entre eux par plusieurs fonctions communes, à ce qu'on les voit croître ou décroître régulièrement et conformément à des règles connues.

Cette nécessité, sur laquelle j'insiste, de ne soumettre au calcul que des chiffres jugés assez gros pour être *constants*, montre avec quel soin il faut collectionner les résultats de chaque année. Un grand nombre de résultats, qui, pour une année seule, sont tout à fait insignifiants, deviennent au contraire instructifs lorsqu'ils ont été en quelque sorte engraissés par le temps. C'est alors, et alors seulement, qu'il faut les soumettre au calcul.

Conclusion.

Des quatre parties de ce travail, la dernière n'a qu'un intérêt purement théorique. Elle ne s'adresse qu'au statisticien qui cherche à totaliser et à utiliser les résultats partiels de chaque département.

La deuxième partie expose et justifie les instructions qu'il y a avantage, à mon avis, d'adresser aux administrations départementales, de façon à amener l'uniformité du service et l'exactitude des résultats.

C'est sur elle seulement que j'attire l'attention du Conseil.

Imprimerie Nationale. — Avril 1887.